MON AVIS

SUR LE

CANAL LATÉRAL A L'ALLIER,

ET D'UN

CHEMIN DE FER DE CLERMONT A LYON ;

PAR

CH. DOUDET DE BARDON,

Avocat , Docteur en droit.

Clermont-Ferrand,

IMPRIMERIE DE THIBAUD-LANDRIOT , LIBRAIRE ,

Rue St-Genès , n° 8,

———

1837.

Si l'on demande pourquoi j'écris ces lignes, moi qui ne suis ni un ingénieur, ni un industriel, je répondrai que rien de ce qui intéresse le pays ne m'est étranger ou indifférent, et qu'il suffit d'être citoyen et propriétaire éclairé, pour avoir le droit d'une opinion sur ce sujet.

MON AVIS

SUR LE

CANAL LATÉRAL A L'ALLIER.

————◆◆◆————

> Un canal qui , par exemple , nous mettrait en contact.
> direct avec la Gironde , le Rhône ou le Rhin , serait un
> bienfait , un besoin pour notre localité , parce que là il
> y aurait utilité réelle , nécessité presqu'absolue...,... Tel
> ne serait pas et ne peut pas être le canal projeté.
>
> *(Observat. de M.* Baudet-Lafarge *, sur le*
> *proj. d'un can. lat. à l'All.)*

Aujourd'hui que la spéculation des esprits se
dirige en France plus que jamais vers les intérêts
matériels , il est juste que chaque province ait
sa part, non pas égale, mais du moins une part
sensible , dans la distribution des sacrifices que
s'impose le pays. A ce titre , le département du.
Puy-de-Dôme se présente au gouvernement avec
d'incontestables droits , puisque chaque année ,

l'impôt lève, au profit du trésor, sur son agriculture et son industrie, une somme de plus de
trois millions de francs (1). Si haut placé dans
la statistique financière de l'état, ce département
éprouve le besoin de rendre proportionnellement
à ce qu'il donne : sa production première est dans
un sol dont la fécondité fait la richesse ; mais le
fertile bassin de la Limagne reste insuffisant, si
une industrie voyageuse, celle qui multiplie les
ressources, en déplaçant les produits, ne marche
enfin à son aide. Nul doute que les voies de transport ne soient une question vitale pour l'avenir
de la contrée. Ce qui importe, c'est que l'opinion locale s'éclaire et se prononce sur le choix
des moyens de communication.

La pensée d'un canal latéral à l'Allier appartient au temps de la restauration. La persévérance de la Chambre de commerce de Clermont,
une délibération récente de son conseil muni-
cipal, enfin un Mémoire que vient de publier
M. Brosson, ramènent l'attention publique sur
ce projet.

La grande opération des canaux, adoptée par
les lois de 1821 et 1822, et dans laquelle l'état

(1) Les contributions et revenus de l'état sont, dans le Puy-de-
Dôme, de 9 à 10 millions, dont il faut distraire les dépenses
publiques du département.

s'est fait entrepreneur, exécutant à forfait, à ses
risques et périls, les particuliers appelés à sou-
missionner avec concurrence, l'intérêt au rabais;
cette opération a donné lieu, sous le rapport des
combinaisons de finance et de l'exécution de ses
scientifiques travaux, à des mécomptes sans fin,
puisque chaque année nous voyons fuir devant
nous la perspective de l'achèvement de nos lignes
de canaux, absorbant, chaque année, des sacrifices qui réclament un terme. Sans doute, il faut
faire la part des éventualités qui sont venues à
l'encontre des prévisions de l'état, et qui sont
inhérentes aux obstacles naturels du sol, aux in-
tempéries des saisons, ainsi qu'aux modifications
que les plans primitifs reçoivent des lenteurs de
l'expérience; sans doute, ce sera un jour de
bonheur que celui où les canaux de Bretagne,
destinés à répandre le bien-être commercial et
la civilisation sur ce pays, où le canal du Niver-
vernais, du Berry, où le canal latéral à la Loire,
où toutes nos lignes navigables, auront obtenu
l'entière exécution de leurs travaux; sans doute,
la France y trouvera de nouveaux éléments de
prospérité matérielle, et ce sera pour son avenir
un inappréciable bienfait; sans doute encore, c'est
une idée de perfectionnement et d'ensemble pour
nos communications fluviales, et qui, à ce titre,

mériterait d'être encouragée, que celle du canal
de dérivation de l'Allier, qui doterait l'Auvergne
d'une route flottante, en tout temps navigable,
et conduirait ses arrivages au canal de la Loire.
A ne considérer que le point de vue commercial,
l'entreprise se justifie, et le trésor public obtient,
par une navigation régulière, un accroissement
dans les produits du transport.

Mais ces avantages, et il y en a d'incontestables, ne sont-ils pas balancés dans nos contrées
par des inconvénients d'un autre ordre, et qui
seraient de nature à porter atteinte aux rende-
ments de la production agricole? La salubrité
publique ne serait-elle point, sous quelques rapports, compromise par le mode de canalisation?
Les produits de l'entreprise seraient-ils en rapport
avec les frais de l'exécution? Le moment est-il
bien choisi de présenter ce projet à l'approbation
du gouvernement? Ne pourrait-on plus utilement,
à moins de frais et plus promptement, arriver au
même but, en améliorant la navigation à l'aide
d'un creusement du lit de l'Allier, et du redres-
sement de son cours? Enfin, ne serait-il pas pour
nous une voie de transport plus utile, plus ac-
célérée, plus productive, préférable en ce qu'elle
offrirait des débouchés nouveaux à l'industrie,
avantage que n'aurait pas le canal; et à laquelle

le gouvernement prêterait plus volontiers son
concours, dans un temps où cette voie unique,
voie de circulation si rapide, préoccupe la pensée
publique qui s'en est saisie dès l'abord avec avi-
dité, qui l'adopte avec passion, et l'exécute avec
enthousiasme ; je parle d'un chemin de fer.

Il y a plusieurs années que la question d'utilité du canal latéral à l'Allier faisait le sujet d'une
controverse, et que des hommes d'expérience et
de savoir n'ont pas craint de se prononcer contre
ce projet. Ce serait trop de sévérité que de taxer
de préjugé un avis pour ou contre en cette matière ; mais il est vrai de dire que c'est là une
pensée vieillie, prônée d'abord, puis abandon-
née, et qu'on ressuscite aujourd'hui (1). Je con-
viens que l'industrie recevant une vive impulsion
de la loi sur les travaux publics extraordinaires,

(1) Un jour que j'accompagnai mon père en visite, j'étais fort
jeune alors (1827), chez M. le préfet du Puy-de-Dôme, la con-
versation roula sur le projet du canal : c'était la question du
moment et la grande affaire de la préfecture. J'avais lu un
mémoire publié contre le canal par un homme d'un mérite mo-
deste et distingué, M. Baudet-Lafarge, député depuis 1830, et
qu'une mort récente a enlevé à ce département. Je soumis à
M. le préfet quelques-unes des difficultés soulevées par cet écrit;
M. d'Allonville les discuta avec beaucoup d'esprit, peu de logi-
que, selon moi. De ce jour, mon souvenir n'était pas pour le
canal ; et l'examen sérieux que je viens de faire de la proposition
renouvelée de canaliser l'Allier, ou plutôt la Limagne, n'a fait
que me confirmer dans ma première opinion.

l'esprit des spéculateurs se porte naturellement à
la recherche de grands projets, et que la situation du moment peut prêter à celui de la navigation artificielle de l'Allier, un air de jeunesse et
le mérite de l'à-propos.

Le fond des choses en est-il changé ?

L'agriculture souffrira de l'établissement d'un
canal. C'est une vérité qui n'a pas besoin de dé-
monstration, que la surface du canal proposé en-
lève à la culture un terrain précieux, et par là
diminue la quantité de ses produits. Mais la loi
de l'expropriation, pour cause d'utilité publique, garantit aux propriétaires une indemnité
réglée sur de justes appréciations, et nous devons supposer que le vœu de la loi sera cons-
ciencieusement rempli. Peut-être pourrait-on
évaluer, sans exagération, la somme des indemnités à une valeur de sept ou huit millions, ce
qui fait une objection grave contre la réalisation
du canal, sans être spécialement une considéra-
tion agricole.

Les cours d'eau, répandus avec profusion sur
la Limagne qui en reçoit la fertilité pour son sol,
et le mouvement pour de nombreuses usines, ne
seront-ils pas, les uns détournés de leur lit par
les exigences de la construction, les autres, ser-
vant d'aliment naturel au canal, pourront-ils être

rendus avec les mêmes causes de fertilisation , et
aux mêmes lieux, et aux mêmes propriétaires?
La culture des terres voisines du canal en serait
changée ; nos belles prairies déplacées ; plusieurs
frappées de stérilisation par le défaut d'arrose
ment : l'élève des bestiaux diminuerait ; par suite,
les engrais et tous les produits du sol. D'un autre
côté , des terrains incultes ou stériles en pourraient devenir plus productifs ; d'autres usines
remplaceraient les usines détruites. Dans cette
subversion, contraire en général aux intérêts de
l'agriculture , et destructive des droits acquis ,
ne voit-on pas une cause fréquente de difficultés ,
de procès et d'indemnités? Un grave inconvénient
pour la production résulterait encore de l'infil-
tration des eaux du canal ou de ses fossés de cein-
ture, à travers des terres pour la plupart spon-
gieuses et légères , et qu'une humidité constante ,
si ce n'est pendant les chaleurs de l'été, rendrait
impropres à la culture.

Ce ne serait là qu'une partie des résultats né-
gatifs de la canalisation ; elle aura pour effet
immédiat , sinon de changer le niveau, du moins
de diminuer le volume du flot de la rivière d'une
quantité égale à celle que le canal devra lui emprunter. Des attérissements nombreux se forme-
ront au sein de l'Allier ; son lit en sera changé ;

et chacun des torrents qui affluent dans son cours,
exerçant sur ses eaux une action plus vive , à
chaque crue subite , les terres arables seront en-
traînées sur ses rives par de désastreuses inonda-
tions. C'est ainsi que cette rivière , soumise à un
régime plus que jamais torrentiel , finira par devenir inutile à la navigation. Quel sera donc le
sort des cantons du vignoble voisin de l'Allier ?
Le producteur vignicole devra transporter ses vins
au bassin d'embarquement , payer des frais de
roulage qu'il ne paye pas aujourd'hui ; payer les
droits d'octroi et de régie ; payer les droits de
navigation ; subir les tarifs des canaux ; se sou-
mettre à l'augmentation du frêt , et courir les
chances d'avarie causées par la lenteur d'une traversée qui eût été plus rapide en suivant le cours
naturel de l'Allier. Ne devrons-nous pas nous
condamner à renoncer à l'exportation de la seconde de nos richesses agricoles ?

Il en faudra dire autant de la plupart de nos
bois. Les frais dispendieux du transport, pour
les conduire au point d'embarquement , seront,
pour cette branche d'industrie , un inconvénient
trop souvent insurmontable ; l'état de nos chemins de service n'est pas de nature à résoudre
favorablement cette difficulté. Bornons-nous à
faire des vœux pour qu'une application , sage-

ment répartie, de la législation nouvelle, rende
partout à une libre circulation notre viabilité vi-
cinale.

Ces craintes, ces abus, nous ne les trouvons
pas dans le mode de navigation en rivière; car,
parmi ses premiers avantages, sont ses affluents.

L'état sanitaire de la contrée aura-t-il à souf-
frir de l'établissement d'un canal?

La région de nos marais, dont les dessèche-
ments furent plus ou moins récents, et que tra-
verserait la ligne de canalisation, recèle trop de
causes morbides dans son insalubre climat, pour
qu'un autre foyer de miasmes délétères ne lui soit
pas épargné.

On sait que le régime des canaux est assujetti
à un nettoiement annuel, et l'époque choisie pour
cette opération, la saison de l'été. C'est au com-
mencement de l'été que des fièvres endémiques
règnent sur nos marais. Les rejets vaseux du canal, déposés, amoncelés sur ses bords, et long-
temps exposés à l'air avant de pouvoir être enfouis
comme engrais dans les terres; enfin, les fossés
eux-mêmes, qui ceindront la rive gauche de cette
grande construction, pour servir de réceptacle
aux eaux pluviales ou surabondantes des terrains
supérieurs, seront une cause de mortalité pour
cette région, où les besoins de l'agriculture exi-
gent un accroissement de population.

Ces dangers sont graves : toutefois ils ne peuvent nous faire oublier des avantages qui leur servent de compensation, tels que ceux de la certitude d'une bonne navigation pendant plus des deux tiers de l'année, d'un chargement plus fort, et même du doublement du poids que, dans certaine partie de son cours, l'Allier peut permettre à nos bateaux ; du retour de ces mêmes bateaux qui, arrivés à destination, sont maintenant déchirés et vendus ; de l'exportation ouverte dans ce département aux marchandises étrangères en retour de nos produits ; enfin, de la richesse même que l'exécution de grands travaux fait refluer toujours sur une contrée, non moins que de cette autre source de travail et d'activité, qu'un écoulement facile et sûr ouvrirait à nos populations ouvrières.

Je veux donc écarter toutes mes objections, et je les suppose résolues en faveur du canal de l'Allier, dont je me fais alors le partisan. Dans ce système, qu'arrive-t-il ?

Il ne faut pas se le dissimuler ; si l'on adopte l'entreprise, c'est sur une large base qu'on doit opérer, parce que, seulement alors, elle offre les conditions d'une utilité réelle.

Pourquoi nous arrêter au tracé de lignes abrégées, ou à l'emploi de moyens secondaires proposés par des vues d'économie dans l'exécution ? Les

plans discutés en présence de l'administration,
ont passé sous les yeux du public. Observons que
l'économie serait pour nous plus apparente que
réelle : ce que nous aurions à gagner sur la dépense, serait perdu sur les produits, et le but auquel nous devons tendre, dans une opération de
ce genre, n'est pas de dépenser le moins, mais le
mieux.

Une grande ligne de navigation, telle que celle
d'un canal qui, remontant aux abords d'Issoire,
et même au delà, vers le confluent de l'Alagnon,
viendrait passer sous les murs de Clermont, de
Riom, d'Aigueperse, de Gannat, se dirigerait
sur Saint-Pourçain, Moulins, suivrait la rive
gauche de l'Allier, jusqu'à sa rencontre avec le
canal latéral à la Loire, où un embranchement
l'unirait au dessous du grand pont-aquéduc du
Guétin : un tel canal serait seul capable de ré-
pondre véritablement aux besoins de l'industrie.

Alors nous posséderions une belle voie de transports ; aucun de nos bassins houillers ne serait
déshérité dans son exploitation ; les usines, pla-
cées sur le nouveau cours, prendraient un vaste
développement ; l'importance commerciale de
Clermont, mis désormais en communication
constante avec l'Allier et avec la Loire, y ga-
gnerait ; enfin, la circulation ferait valoir les

produits ; le mouvement imprimé aux établissements du commerce répandrait un bien-être général, auquel les départements voisins, la Haute-
Loire et l'Allier, prendraient part ; le trésor
public augmenterait le rapport de ses lignes navigables ; et les compagnies des canaux aboutis-
sants puiseraient, dans un accroissement de pre-
venances, des bénéfices certains.

Mais le parcours d'un tel canal rencontre des
difficultés de terrain qu'on ne surmonterait que
par d'immenses travaux scientifiques. De là, indépendamment de l'acquisition du sol, d'énormes
dépenses pour l'exécution du projet.

Ces dépenses ! qui en prendra la responsabilité?
qui voudra en assumer le fardeau ?

Ce ne seront pas des particuliers, l'entreprise
est au-dessus de leurs forces et de leur pouvoir ;
car, dans cette affaire, comme en toute opération
commerciale, ils auront à balancer les capitaux
employés à l'œuvre, avec l'évaluation probable
de son revenu. Or, je le demande, défalquez du
produit brut des transports du nouveau canal,
les intérêts de la dépense première et les frais de
service, quel sera son revenu net ?

Ici, l'on a répondu : « Je sais que les capitaux
» ne doivent jamais s'engager dans une entre-
» prise où la sécurité n'est pas entière, où des

» produits ne sont pas assurés : et je suis bien
» éloigné de penser que le canal latéral à l'Allier
» peut être entrepris et exécuté sans le concours
» ou le secours du gouvernement (1). »

Mais pensez-vous que le gouvernement consente jamais à faire les avances de fonds d'un canal qui , suivant vous, coûterait 34 millions,
pour un produit qui , dans la navigation actuelle
de l'Allier, ne dépasse pas 100,000 francs ?

Nous avons fait en France, depuis 1822 , assez
de canaux pour qu'il ne soit plus permis de se
faire illusion sur ce qu'ils coûtent. On ne se lan-
cera pas témérairement dans les dépenses d'une
construction dont on peut affirmer, sans danger
d'erreur, que les devis proposés et les estimations
déjà faites sont au-dessous de la vérité.

Prenez garde , le moment est mal choisi : l'opinion , soit raison ou caprice, se retire aujourd'hui
d'un système qui , pendant quinze ans , vivement
controversé , a fait l'objet de censures amères ;
les chambres réclament impatiemment l'achèvement des canaux commencés , et se montrent peu
favorables à l'exécution des projets nouveaux : té-
moin , vers la fin de la dernière session , l'exemple
du canal latéral à la Garonne : trois fois les com-

(1) De la navig. de l'All. et d'un can. lat., par M. Brosson.

pagnies avaient reculé devant l'entreprise, et encouru la déchéance ; le gouvernement proposait d'allouer à une compagnie nouvelle l'intérêt à 4 pour 100 ; pendant trente ans , des capitaux qu'elle engagerait , la chambre des députés a rejeté le projet de loi , et ce refus de la chambre paralyse l'avenir du canal latéral à la Garonne , autant , pour le moins , que ses trois déchéances.

L'Allier n'a pas les faveurs du pouvoir ; on s'étonne que , sans cesse oublié , il n'ait pu encore obtenir un regard de l'administration. Une seule fois, on s'en est souvenu ; et , par une anomalie malheureuse que devait faire comprendre et que repousse le mauvais état actuel du lit de cette rivière , autant que son régime naturellement irrégulier , c'est lorsque la législation se montre favorable en général à nos lignes navigables auxquelles elle procure l'uniformité proportionnelle et l'abaissement des tarifs , que les intérêts privés de l'Allier sont méconnus. Par l'effet de la loi du 9 juillet 1836 , et de l'ordonnance réglémentaire du 15 octobre, son cours torrentiel est devenu tributaire de droits et de formalités de perception , dont il était précédemment affranchi ; et ce nouveau mode se trouve incompatible avec les vicissitudes de sa navigation , à tel point que ses bateaux sont réduits à encourir forcément l'amende, toutes les fois que les mariniers ne consentiront pas a perdre leur temps, leurs frais, peut-être leur chargement, *la crue des eaux venant à passer*, sans attendre qu'il ait été satisfait aux épreuves et réquisitions de la loi. Obtenir la réforme d'un état de choses réprouvé par la situation locale, c'est le plus pressé.

Rien n'est problématique comme l'exécution d'une grande voie de communication par le secours du canal latéral à l'Allier, puisque les deux conditions suivantes nous échappent : 1°. une compagnie qui consente à s'en charger, les produits n'étant pas en rapport avec les dépenses ; 2°. la volonté du gouvernement et des chambres d'engager de vastes allocations dans une entreprise dont l'utilité est balancée par les inconvénients et les obstacles.

Force sera, si l'on persiste à vouloir canaliser sur l'Allier, de sortir de la bonne voie, de celle qui conduirait à un résultat général, et de descendre à des projets restreints, moins dispendieux, proportionnels aux produits et aux moyens. Mais agir ainsi, c'est manquer le but, c'est entreprendre une œuvre incomplète, sans grandeur, sans unité, sans rapport d'ensemble avec les grandes voies de canalisation existantes ; c'est préparer des regrets au pays.

Un canal qui , partant de Chadieu , serait dirigé sur Clermont , pour gagner ensuite le Pont-du-Château , et côtoyer la rive gauche de l'Allier jusqu'à son embranchement à la Loire , aurait le tort de s'isoler de plusieurs centres de population ; il laisserait subsister la navigation de l'Allier dans une de ses parties les plus incertaines , les plus dangereuses ; il priverait de ses avantages l'exploitation houillère supérieure, où l'assujettirait à de premiers frais de transport qu'elle est incapable de subir, puisque déjà elle a peine , malgré l'économie de ses moyens , à supporter la concurrence étrangère. Cette ligne n'atteindrait qu'imparfaitement le but , et nous conduirait encore à des dépenses au-dessus de nos forces.

Pour se promettre des chances de succès , on devra plutôt se borner au projet d'un canal qui mettrait Clermont en communication avec l'Allier, s'alimentant par les belles sources de Royat, réunies aux eaux de Fontanat , que pourraient grossir encore quelques affluents , et qui viendrait s'unir à l'Allier au-dessous du confluent de la Dore. Au point de rencontre, il faudra , dans cette hypothèse, canaliser une portion de la rivière , et par des travaux d'art , tels que l'emploi de digues submersibles , faire remonter les eaux ,

aux époques de sécheresse, dans un chenal fixe, comme on le pratique sur les plans en cours d'exécution, vers la partie inférieure de la Loire. De cette manière, le canal se restreint à dix ou douze lieues de développement ; la dépense en est considérablement diminuée ; il a pour principal avantage de faire un port de Clermont, ce qui est beaucoup ; mais ce qui laissera d'autres intérêts en souffrance. Enfin, il arrivera, souvent dans les temps secs, que les basses eaux de l'Allier se trouveront insuffisantes pour maintenir au chenal une profondeur toujours au niveau de celle des canaux ; et l'on n'aura point obtenu, malgré de dispendieux efforts, une navigation à charge complète, en tout temps.

Je vais plus loin ; j'admets que le mode de canalisation, quel qu'il soit, jugé praticable et adopté, parvienne à donner à l'Auvergne la grande voie de communication qu'on réclame en son nom ; vous aurez entrepris un de ces ouvrages de taille, qui nécessitent l'emploi d'immenses capitaux, et vous les aurez dépensés ; qui demandent l'expérience d'un profond savoir dans l'opération, une persévérance sans bornes dans la volonté, une confiance à toute épreuve pour l'exécution ; et toutes ces conditions vous les aurez remplies ; le succès aura comblé vos vœux : l'œuvre est achevé.

Arrivés au terme , ce sont de nouvelles difficultés qui vous attendent. Je ne parle pas des intérêts des sommes dépensées , qui , cumulés pendant la longue durée des travaux , forment un capital supplémentaire aux dépenses ; un canal, avant d'être mis à fin, ne pouvant s'ouvrir à la navigation. Je passe sur le chapitre onéreux des frais d'entretien; vous avez dû prévoir tout cela ; mais combien vous faudra-t-il attendre d'années pour que l'importation des produits étrangers se familiarise avec une voie frayée récemment , et qui participera du caractère de l'impasse , car ce canal n'offre d'issue que d'un seul côté ? Combien encore n'aurez-vous pas à lutter contre les habitudes prises , dans cette province où les intelligences sont , chez quelques-uns , routinières , et continueront à vouloir charger sur l'Allier , malgré ses périls , y trouvant économie de temps et d'argent , ou peut-être iront préférer la voie du roulage, pensant que les chemins qui ne marchent pas , mais où l'on marche , sont plus sûrs , plus rapides , et quelquefois les seuls possibles pour certaine nature de transports ? Combien n'aurez-vous pas à regretter , dans un long trajet , la lenteur occasionée par le passage des écluses ? Combien à vous plaindre de ce que la durée du récurement annuel , le besoin des réparations ,

l'influence du manque d'eau dans l'été, et l'effet
des glaces en hiver, tiendront le canal fermé pendant près de trois mois ? Combien à vous débattre
contre les tarifs, cette plaie de la navigation des
canaux, et contre les prétentions des compagnies
rivales ? Et que sera-ce, lorsqu'au sortir du flot
de la Loire, vous rencontrerez sur vos pas les
propriétaires du canal de Loing, qui le sont également de celui d'Orléans, et qui, en concurrence, à ce titre, avec la compagnie de Briare,
vous arrêteront, et vous montrant un lourd tarif,
vous diront : « N'entrez pas dans les écluses du
» canal de Briare, descendez un peu plus bas
» dans la Loire, entrez dans les écluses du canal
» d'Orléans, vous aboutirez de même au canal
» de Loing qui vous portera jusqu'à la Seine, et
» faisant ainsi, vous nous trouverez disposés à
» adoucir les rigueurs de nos perceptions. »

Et faisant ainsi, vous aurez fait vingt-trois
lieues de plus, indépendamment des dangers de
la navigation de la Loire, de ses droits et de ceux
perçus au canal d'Orléans.

On le voit : le canal latéral à l'Allier se présente
suivi de difficultés et d'inconvénients. Heureuse-
ment nous pouvons trouver dans des travaux d'art
différents, des moyens d'exportation plus faciles,
plus prompts et moins coûteux. La rivière de l'Al-

lier, canal naturel, bien qu'elle ne puisse, à elle
seule, remplir tous les besoins agricoles et industriels de la province, n'en offre pas moins une
navigation précieuse, indispensable à l'exploitation de nos produits, et qu'il ne faut qu'améliorer
pour qu'elle alimente, autant qu'on est en droit
de l'attendre par cette voie, le commerce exté-
rieur de l'Auvergne. Améliorer le lit de l'Allier,
c'est là, en effet, le but vers lequel doivent tendre nos travaux. Vainement on objecte l'impossibilité d'en remonter le cours ; cette impossibilité
n'existe pas, puisque les bateaux à voiles remon-
tent facilement à Moulins, que d'autres, avec
leurs agrès ordinaires, ont pu remonter jusqu'au
Pont-du-Château, et que, jusqu'en 1792, les
fers du Bourbonnais, du Nivernais, destinés au
Velay et à l'Auvergne, nous arrivaient jusqu'au
port de Vialle, par la navigation montante,

Profitons du temps où l'état consacre de spé-
ciales subventions à l'étude du perfectionnement
de la navigation fluviale (1), pour obtenir qu'une
statistique nouvelle de l'Allier soit dressée. Le
gouvernement croira sans peine ce que le commerce dit, ce que tout le monde sait, ce qui se

(1) 400,000 fr. ont été consacrés, cette année, par les chambres,
à ces études.

démontre sans controverse , que l'Allier est obs-
trué par des obstacles qui rendent sa traversée
périlleuse, et que le remède au mal , c'est de dé-
blayer, d'approfondir , de redresser son cours ,
de lui assurer, par un mouillage uniforme , une
navigation suivie , à partir du point où la rivière
cesse d'être torrentielle ; et nos habiles ingénieurs
se chargeront , sous les rapports de science et
d'art, du soin de l'exécution. Reprochera-t-on à
ce mode d'amélioration les frais d'entretien qu'il
occasione ? Ce motif ne serait pas moins spécieux
contre l'ouverture des routes qui , si elles ne s'en-
combrent ni de sables ni de graviers , se sillon-
nent d'ornières, objet d'un entretien journalier.

On comprend maintenant , en France , qu'on
peut se dispenser de construire des canaux partout où il est permis d'améliorer la navigation en
lit de rivière. Voici ce que disait sur ce sujet , il
y a quelques semaines , à la chambre élective, un
de ses membres influents , député du Cher :

« Messieurs, nous n'avons plus à discuter au-
» jourd'hui sur la valeur de l'axiome attribué à
» Brindley; savoir, que les rivières n'ont été faites
» par le Créateur, que pour alimenter les canaux.

» Nous n'avons pas non plus à réfuter la pré-
» tendue impossibilité d'une amélioration suffi-
» sante des rivières. Trop d'exemples seraient là

» pour déposer du contraire. Je me contenterai
» de citer les grands travaux qui ont été faits
» dans ces derniers temps sur la rivière d'Oise ,
» sur l'Ille , le Doubs , l'Aisne et beaucoup
» d'autres.

» Des rivières à fond mobile , comme la Mi-
» douse , l'Adour et la Loire , ont reçu d'impor-
» tantes améliorations.

» La Chambre , en 1835 , est entrée dans cette
» belle carrière ; elle a pensé avec raison que le
» perfectionnement de la navigation méritait au-
» tant de soins que les lacunes des routes royales. »

Le même orateur se plaignait , dans la même
séance , de ce que le Nord seul était favorisé ; de
ce que la balance n'avait pesé que d'un seul côté,
et de ce que le Midi de la France n'avait pas été
traité comme il aurait dû l'être.

« Chacun , ajoutait-il , parle ici pour la ri-
» vière qu'il a l'honneur de représenter. »

Que les représentants de nos départements où
coule l'Allier veuillent donc ne pas se lasser de
reproduire devant les Chambres, et de faire en-
tendre à MM. les ministres les raisons d'utilité
qui réclament pour ce pays des travaux d'amélioration en lit de rivière ; qu'ils obtiennent , pour
d'utiles perfectionnements , des allocations an-
nuelles , plus faciles à réaliser que la masse de

capitaux nécessaires à la création d'un canal. Songeons à assurer d'abord la navigation de l'Allier ; nous canaliserons plus tard, si nous pouvons ; à moins que, satisfaits de nos travaux d'amélioration, et sachant nous borner, nous ne préférions nous en tenir à l'axiome, que *le mieux est l'ennemi du bien.*

Nous l'avons dit, quelque profitable que soit au pays la navigation de cette rivière, elle reste néanmoins insuffisante : le canal latéral le serait également ; car l'un et l'autre n'offrent au commerce qu'un même débouché et les mêmes relations. M. Baudet-Lafarge écrivait « Qu'un canal » qui, par exemple, nous mettrait en contact » direct avec la Gironde, le Rhône ou le Rhin, » serait un bienfait, un besoin pour notre loca- » lité, parce que là, il y aurait utilité réelle, » nécessité presque absolue.... » Un membre du conseil-général de ce département, M. Lamy, disait encore, plein d'un sentiment de patriotisme, dans son opinion publiée en 1828, contre le nouveau projet, que s'il était prouvé, ce qui n'est pas, qu'il pût devenir pour nous une cause nouvelle de quelque grande communication, « non- » seulement, il faudrait voter par acclamation le » canal proposé, mais encore il faudrait prendre » nous-mêmes la pioche, et exciter la population

» par l'exemple, à concourir de tous ses efforts,
» pour se procurer les avantages qui résulteraient
» de cette heureuse communication. »

Eh bien! tous ces avantages, une autre voie
nous les présente; le temps est arrivé pour nous
d'emprunter des communications nouvelles à
l'industrie qui modifie ses procédés, de même
que la société change ses institutions. Les chemins de fer vont bientôt s'étendre sur le sol de
la France : cette province aura le sien. Dire à
quelle époque; vouloir préciser quel en sera le
tracé, ne nous appartient pas; ceci est subor-
donné au plan général de direction qui sera suivi,
et aux moyens d'exécution qui seront employés.
Mais dire que ce département trouvera, dans un
chemin de fer, le mouvement qui donne l'existence au commerce, qu'il y trouvera un débouché
que rien ne remplacerait pour le transport de ses
produits, tant agricoles qu'industriels et de ceux
d'entrepôt ; rechercher si tous ces produits peuvent suffire à défrayer une communication de
cette nature; enfin, indiquer d'une manière gé-
nérale la ligne la plus favorable à suivre pour ce
chemin de fer, ceci nous a paru une pensée bonne
en soi; nous l'avons exprimée dans les dévelop-
pements qu'on va lire ; car il est bon que cette
grande thèse qui fait naître tant de projets, soit

parmi nous agitée à l'avance ; il est bon que chaque province se trouve préparée à recevoir et à
répandre une impulsion dont la puissance est dans
le besoin de prospérité matérielle qui travaille la
vie des peuples au dix-neuvième siècle.

D'UN CHEMIN DE FER

DE

CLERMONT A LYON.

Un chemin de fer qui unirait Clermont-Ferrand à la seconde ville de France , contribuerait,
selon moi , plus puissamment que le canal projeté, à la prospérité industrielle de l'Auvergne ;
et cette pensée, fruit de ma conviction , j'en jette
sur le sol natal la première semence , heureux
d'espérer que son germe ne restera pas stérile.

C'est aujourd'hui une question jugée , on l'a
dit avec l'autorité de la raison , que l'établissement des grandes lignes de chemin de fer parmi
nous , l'industrie française au point où elle est

parvenue , ne peut se laisser devancer dans cette voie nouvelle par l'industrie étrangère ; car, pour nous , le retard serait rétrograde : au commerce , comme au combat , on recule en perdant l'avantage de sa position.

Aucune découverte , à aucune époque, n'avait captivé avec plus d'empire l'attention et la confiance des peuples ; aucune entreprise ne réunit jamais une aussi vaste masse de capitaux. L'application de la vapeur à la marche des wagons date de notre siècle , et la locomotive de Stephenson , chef-d'œuvre de la mécanique moderne , partout en usage aujourd'hui , compte sept ans à peine , et déjà les railways se multiplient aux États-Unis , en Angleterre , en Belgique , en Allemagne , en Prusse , en Italie. Tous les états en sont frappés d'une commotion financière ; c'est la révolution de l'industrie qui marche dans le monde sur des sillons de fer.

En vain quelques voix timides , mues peut-être par des intérêts rivaux , se sont élevées contre ce concours d'un légitime enthousiasme ; en vain la présence de la crise commerciale qui semble mettre en faillite les États-Unis , a menacé l'Europe : nous y puiserons sans doute des enseignements de prudence , mais nous n'avons pas d'analogie avec les conditions de l'existence américaine.

Là, des entreprises colossales, en raison du manque de la population disséminée sur un immense territoire, une mauvaise organisation des banques, et surtout l'intervention violente autant qu'irréfléchie du chef du gouvernement, ont plongé les états, du sein de la paix et de la prospérité, dans une catastrophe qui pèse déjà sur eux comme la leçon de leur avenir, et qui reste sans exemple dans le commerce européen. Le commerce de France et d'Angleterre occupaient le premier rang sur la place américaine; la liquidation anglaise s'est trouvée compromise dans le *sauve qui peut* des valeurs de l'union, valeurs à cours forcé, comme l'étaient nos vieux assignats; le marché français, sorti de sa révolution de la veille, a soutenu de pied ferme la secousse qui lui venait d'Amérique; sa réputation de prudence s'en est accrue avec son crédit; mais sa prudence n'est pas de l'inertie, et son crédit doit servir au succès de ses nouvelles entreprises.

La loi des travaux publics extraordinaires prépare un aliment plein de séve à notre existence commerciale; et la France, par la configuration de son sol, se prête physiquement, mieux qu'aucune autre contrée de l'Europe, à l'établissement des chemins de fer, dont la cause est devenue populaire.

Déjà, suivant le vote des chambres, des études ont élaboré cette grave matière. Confiées à la direction d'un corps sans rival à l'étranger, celui de nos ponts et chaussées, peu de temps devait suffire aux ingénieurs de ce corps savant, pour reconnaître les lieux, apprécier le nivellement des terrains, et présenter dans la disposition des lignes principales, un système capable de satisfaire aux intérêts généraux du pays. Paris a été choisi comme point de départ des directions qui doivent aboutir aux grands centres commerciaux intérieurs ; et la chambre des députés a reçu du gouvernement la proposition de plusieurs chemins de fer, celui de Paris à Lille ou le chemin de Belgique ; celui de Rouen qui doit s'étendre au Hâvre et Dieppe ; celui d'Orléans dont la prolongation est Tours et Bordeaux ; enfin, le chemin de Lyon à Marseille, suite de la ligne de Paris à Lyon.

On voit que ces plans ouvriraient des voies publiques de communication conçues sur une vaste échelle.

D'autres projets d'une moindre étendue, d'un intérêt local ou privé, et trouvant, à ce titre, des entrepreneurs sans subvention, étaient aussi proposés à l'adoption des chambres qui les ont votés. Mais l'on touchait au terme d'une longue session,

trop avancée pour permettre à l'impatience par-
lementaire de suivre avec maturité une difficile
discussion. Les grandes lignes de chemin de fer
ont été ajournées, et par là se trouvent momentanément en souffrance nos relations d'affaires
avec les états voisins, le transit de leurs marchandises par la France, et les intérêts de nos places
maritimes. Toutefois, ce résultat n'est point,
comme on l'a dit, un naufrage ; ce n'est pas même
sérieusement un échec pour ces grandes lignes
de fer qui couvriront un jour la surface du pays.
La lenteur inséparable de toute grande entreprise n'est souvent qu'apparente ; soutenus par
l'expérience, nous marcherons d'un pas plus
sûr et plus vite quand nous serons à l'œuvre ;
le terme de l'attente sera court ; car la tempori-
sation n'est pas notre vertu. Parmi nous, ainsi
que chez nos voisins, l'industrie forme un élé-
ment de civilisation, comme le bien-être du
peuple un moyen de gouvernement ; et la vapeur, les chemins de fer, ces deux leviers de
l'industrie moderne, sont la conquête des arts
matériels par cette même civilisation à laquelle
ils servent de support, pour fonder la charte des
peuples, dans la révolution commerciale qui
s'opère. Avec eux, les distances se rapprochent,
la circonscription du territoire change, la borne

des empires s'efface ; et ce sont les rapports internationaux qui modifient les constitutions sociales.

Si donc l'exécution de nos chemins de fer n'est pas instantanée, ce n'est point qu'on se montre en France contraire au système de l'entreprise. Qui l'oserait? Qui, ministre, législateur, magistrat, refuserait de marcher en présence du mouvement? Nous tous, de l'ordre civil, nous n'en sommes pas moins les soldats du pays ; nul n'assisterait, l'arme au bras, à sa défaite commerciale. Qu'on apporte des délais à l'exécution, c'est dans le but avoué de la rendre meilleure. Reconnaissons qu'il règne encore de l'incertitude à l'égard des tracés, qui feront long-temps l'objet d'une laborieuse étude ; à l'égard de la priorité des lignes, qui soulèvera dans les chambres d'ardentes discussions ; enfin, à l'égard du mode de concours de la part de l'état, ce qui est, pour l'entreprise, un accessoire obligé.

On comprendra qu'un intérêt d'avenir, pour cette jeune viabilité, s'attache à l'adoption d'un plan général qui centralise et distribue avec ensemble, comme en un vaste réseau, sur le territoire, toutes les lignes projetées. L'unité, ce principe de notre administration gouvernementale, l'unité, bienfait de nos lois, que l'Europe nous envie, c'est le culte auquel les arts, plus qu'ailleurs ici, doivent rester fidèles ; car, s'il est vrai, et l'on en peut juger en voyant la masse des travaux conçus ou achevés dans ce siècle, que les chemins de fer sont destinés, après que le temps en aura perfectionné et simplifié l'usage, à devenir nos voies universelles de communication ; par cela seul, on prévoit qu'infailliblement ils finiront, comme les routes royales, par tomber dans le domaine de l'état. Cette arrière-pensée ne trouve-t-elle pas sa traduction dans la clause de la faculté de rachat stipulée en faveur du gouvernement, au cahier des charges de toute concession, faite elle-même aux compagnies, à titre d'usufruit ou de jouissance temporaire? Allons plus loin, on convient aujourd'hui, et cette opinion n'était pas celle de 1832 et 1835, mais l'opinion est progressive, et celle-ci s'accrédite parce qu'elle repose sur une vérité mieux comprise, que la plupart des difficultés de l'entreprise s'aplaniraient, si l'état, dépositaire des intérêts communs, se chargeait seul et aux frais de tous de l'exécution. Ainsi nous verrons, dans un avenir prochain, l'état se faire lui-même l'entrepreneur, ou du moins le principal actionnaire d'une opération à laquelle il est le principal intéressé sous les rapports politique, stratégique et de finance ; c'est

bien là, si je ne me trompe, la pensée de conviction de l'un (1) des organes du pouvoir, qui
disait à la tribune de la chambre élective, en par-
lant de toutes les grandes lignes de chemin de fer :
« Ce sont les rênes du gouvernement ; il serait à
» désirer que l'état pût les réunir dans sa main. »

Dans cet ordre de choses, chaque province se
trouvera naturellement appelée à posséder au
moins une de ces voies à circulation rapide, et
dans chaque province, la population, en raison
de ses besoins, et des ressources de son budget,
doit hâter, par ses vœux, le terme où il lui sera
donné d'en jouir.

C'est une idée fausse, et qui, par malheur, a
trouvé crédit à la chambre, que s'il arrive qu'un
député réclame pour un intérêt de localité, chacun aussitôt se trouve en droit, et ce qui est pire,
se met en devoir de l'interrompre : « Hors du
» village, point de salut, » lui dit-on ; et on lui
objecte les préventions de son clocher. C'est ainsi
qu'avec un mot on a réponse à tout ; comme si,
en vérité, l'intérêt de la grande famille française
était autre qu'une masse collective d'intérêts lo-
caux ; comme si l'aisance de chaque province
n'augmentait pas la richesse du royaume ; comme

---

(1) M. Legrand, directeur-général des ponts et chaussées.

si le bien de chacun n'était pas un intérêt public.
Ne peut-on se souvenir à la chambre que, pour
être représentant de la France, on ne cesse point
d'être député des départements.

Cependant il serait difficile d'établir tous les
chemins de fer à la fois ; les capitaux manque-
raient à la somme des travaux. Commençons par
un côté, sous peine de ne rien commencer. Si
c'est une question de préséance, eh bien ! enten-
dons-nous : êtes-vous le plus pressé, le plus
adroit, le plus agile, le plus riche ou le plus heureux ? Passez, je le veux bien : le temps qui mène
l'homme par la main, nous conduira aussi ; vous
me devancez, j'y ai consenti. Mais hâtez-vous ;
il faut que j'aie mon tour ; je vous suis de près,
et comme vous j'arriverai.

Nul doute, en effet, que cette province n'arrive à son tour, et dans un délai moins lointain
qu'on ne pense. Il ne suffit pas de rapprocher le
nord de la France du midi, il faut encore unir,
par une grande ligne centrale, les départements
de l'est à l'ouest. Dans ce but, on doit conduire
le gouvernement à fixer sur la contrée un de ces
regards qui manifestent et garantissent son con-
scours. Le moment favorable est celui où l'on
s'occupe du système général des tracés ; plus tard,
il faudrait lutter peut-être contre des plans ar-

rêtés. Quand l'occasion est perdue, remonter le
passé, c'est perdre le présent ; la valeur des dates
a son prix dans l'escompte ; en industrie, l'ana-
chronisme compromet l'avenir. On ne peut donc
trop tôt se mettre à l'œuvre pour un intérêt local
qui forme ici une branche du grand arbre industriel de l'état. C'est sous ce point de vue que
je livre à l'attention du conseil-général du Puy-
de-Dôme, ces pages écrites à la hâte, pour qu'elles
lui parviennent avant la fin de sa session.

Un chemin de fer de Lyon à Bordeaux, dont
Clermont serait la première station, formerait,
dans le grand corps de nos travaux publics, une
artère principale qui aurait pour fonction de
porter le mouvement et la vie au cœur des ré-
gions centrales. Des embranchements suivraient
son cours ; qu'on s'en rapporte sur ce point à
l'esprit d'entreprise qui sert de voisinage aux
villes commerçantes. Un jour cette communication ira rencontrer, à son point d'arrivée, le
chemin en ce moment projeté de Paris à Bordeaux. Là, dans cette maritime cité, se trouve
le nœud de la chaîne dont Clermont deviendra
le premier anneau ; ainsi le Rhône serait uni par
un lien de fer à la Garonne.

Cette pensée ne semble qu'un reflet, sous un
rayon différent, de l'œuvre admirable du canal

du Midi, qui fit dire à Louis XIV, en présence des plans de Riquet : « Que les deux mers soient unies, » et vingt ans plus tard, les bateaux passaient de la Méditerranée à l'Océan.

Qu'aujourd'hui l'on construise un chemin de fer de Paris à la frontière du Nord, et bientôt Bruxelles ne sera plus qu'à huit heures de la capitale de la France : qu'on ajoute un embranchement sur Calais, et Londres est à treize heures de Paris ; qu'on adopte la ligne de Paris à Lyon, et qu'elle s'étende jusqu'à Marseille, vous parcourez, presqu'en autant d'heures qu'il fallait de jours autrefois, la plus vaste branche commerciale qu'offre le territoire du nord au sud, et joignez la Manche à la Méditerranée ; enfin, qu'un chemin de fer central unisse Lyon à Bordeaux, et vous enchaînez au même réseau toutes les capitales de la France, et le Rhône touche à l'Océan.

A d'autres d'exploiter à loisir un chemin que mon crayon dessine en projet sur la carte du pays ; ce projet est réalisable dans un avenir qu'il dépend du gouvernement de hâter, en encourageant l'esprit d'association par un large système de subventions, de prêts, de garanties d'un minimum d'intérêts, et mieux encore en se chargeant d'exécuter par lui-même l'entreprise.

Le corps des ingénieurs des ponts et chaussées et celui des mines, aidés du sage emploi des bras que l'armée peut mettre au service de l'état, viendraient à bout des obstacles, asserviraient partout la nature physique à nos besoins moraux, et nous leur serions redevables de traverser avec une égale sécurité et une vitesse de dix, douze et jusqu'à quatorze lieues à l'heure, nos montagnes, nos marais, nos plaines et nos rivières.

Terminons cet aperçu par un regard sur la ligne destinée spécialement à cette province.

Qu'on construise le chemin de Lyon à Clermont, ce sera un bel anneau d'une grande chaîne.

Clermont, capitale de l'Auvergne, et dont la population de 32,000 âmes tend à s'accroître encore, s'offre, pour plusieurs départements, comme un riche magasin ouvert aux entreprises industrielles; c'est un entrepôt important pour Paris, pour Bordeaux, et un centre d'activité que Lyon, la seconde ville de France, ne doit pas dédaigner d'adopter à titre de succursale.

La plaine fertile qui l'entoure, divisée en mille morcellements où la richesse du sol s'alimente sans relâche par l'infatigable industrie de l'homme, et s'abreuve à des canaux naturels d'irrigation, simples fossés, séparés par leurs digues de gazon, où l'eau coule avec abondance; ses coteaux mouvánts où la vigne domine d'immenses carrés de blé, de chanvre, de luzerne, de betterave, racine féconde, destinée à remplacer en Europe là canne des Antilles. Ses prés toujours verts ; ses vergers chargés de fruits exportés à l'automne, ou livrés au commerce sous le nom de *Pâtes d'Auvergne* ; ses potagers, luxe de la Limagne ; et plus loin, ses montagnes couronnées de forêts, avec leurs *burons*, chalets du pays, où se fabriquent des fromages pour plus d'un million par année ; ses eaux thermales, rendez-vous salutaire, où des voyageurs sans nombre viennent à la saison puiser comme à des sources de vie ; enfin, ses richesses minérales : voilà les avantages de localité que Clermont partage avec le reste de la province, pour les offrir à l'exploitation de l'industrie.

Le département du Puy-de-Dôme, sur une superficie d'environ 800,600 hectares, en compte 287,000 en terres labourables, 67,000 en prés ou vergers, 22,000 en vignes, 58,000 en forêts.

Les bâtiments, suivant le relevé cadastral de 1834, occupent 2,083 hectares, et renferment un nombre de 88,701 maisons ou magasins, parmi lesquels 1,555 moulins, 7 forges, 161 usines, et plus de 600 autres propriétés industrielles.

Dans la Limagne, le produit moyen du froment

est de sept fois la semence, et l'hectare porte six quintaux métriques de chanvre propre au tissu. Le peuplier, l'orme, le frêne, le noyer renommé pour son bois et pour l'huile de son fruit, se rencontrent en bordure le long des chemins et autour des terres; le mûrier y prospère, et le voisinage du département du Rhône, car un chemin de fer nous rendrait voisins de Lyon, donnerait lieu à l'établissement de plusieurs magnaneries; l'éducation des vers à soie y serait cultivée avec succès. Déjà l'essai a réussi, et ce précieux produit ne tarderait pas à se naturaliser.

Nos bois, parmi lesquels la propriété privée compose 45,000 hectares, offrent pour la charpente, la menuiserie, le charronnage, et encore pour une branche de commerce qui prend aujourd'hui un développement particulier, l'ébénisterie, des ressources qui n'attendent que des voies de transport plus faciles et plus rapides.

On sait que ce département est fertile en minéraux. Ses houilles, les unes en exploitation, d'autres abandonnées à des fouilles clandestines; ses minerais de fer, dont la réunion suffirait à alimenter un haut fourneau; ses gisements d'antimoine et de bitume; le schiste de Menat, découverte nouvelle qui obtient du débit dans le commerce lyonnais; enfin, les mines de plomb

argentifère des environs de Pontgibaud, pour les-
quelles un bel établissement a doté ce pays d'une
exploitation considérable ; les carrières de Volvic,
connues de la France, depuis que Paris a mis en
usage cette lave forte, dure, compacte, qui se polit
sous le ciseau, prend toutes les formes, et prête
aux constructions une durée inaltérable ; un mar-
bre utile, des grès calcaires, du gypse et des carrières de chaux hydraulique excellente à bâtir :
voilà de grandes richesses souterraines, dont
l'exploitation réclame des issues.

Nos papeteries sont nombreuses ; celles d'Am-
bert renommées ; et notre époque, où la consom-
mation du papier est énorme, marque pour elles
un temps d'arrêt. Nos moulins à farine nourrissent
l'espoir de féconder une industrie de première
nécessité.

Les fabriques de Thiers (1), dont la coutellerie

(1) Dans l'arrondissement de Thiers, l'un des plus industrieux
du pays, on compte 600 ateliers de couteaux et de ciseaux, 22
fabriques de papier et 10 tanneries ; les ateliers emploient 5,550
ouvriers des deux sexes, dont le salaire journalier moyen est de
1 fr. à 1 fr. 50. On estime la valeur des matières premières em-
ployées chaque année à, 1,901,900 fr., et celle des matières acces-
soires à 324,300 fr.; la valeur annuelle des produits manufacturés
se monte à 4,904,500 fr. La coutellerie figure dans cette somme
pour 2,780,000 fr., la papeterie pour 1,404,000 fr., et la tanne-
rie pour 250,000 fr.....
Combien ces résultats s'accroîtraient de l'activité nouvelle
imprimée au commerce de transit par un chemin de fer.

efface, par le bon marché de ses produits, toute concurrence avec aucune autre en Europe ; l'exportation des toiles, plus encore celle des cuirs, dont Clermont est le principal entrepôt de France, et qui forment ensemble un mouvement de huit millions par an ; nos brasseries, nos faïences, plusieurs établissements de sucre de betterave, et la fabrication qui se multiplie, des pâtes à l'instar de celles de Gênes ; en un mot, tous les ateliers du travail demandent que des débouchés utiles soient ouverts à la circulation.

L'extension des manufactures aurait en Auvergne le spécial avantage de retenir dans son sein plusieurs de ses enfants, émigrants voyageurs, qui sont rencontrés par toute la France, où ils vont, pratiquant l'exercice de leurs pénibles métiers, pour porter, au retour à leur famille, un sobre pécule, gagné par l'économie, et justifié par leur réputation de bons travailleurs et gens de probité.

Bien mieux que le canal latéral à l'Allier, le lit de cette rivière étant devenu l'objet d'importantes améliorations, le chemin de fer de Clermont satisferait aux exigences de toutes nos industries. Placés en rapport direct, rapide, immédiat avec le département du Rhône, dont le sol suffit à peine, pour moitié, à la consomma-

tion de ses habitants, nous ne verrions plus se reproduire ces temps de stagnation où notre agriculture oisive semble regretter l'abondance de ses
produits ; notre commerce cesserait de languir,
lorsqu'un transport économique autant que facile conduirait ses exportations à Lyon , vaste
marché d'approvisionnement , dans lequel les pro-
ductions du Nord s'échangent avec celles du Midi ;
et là , prendrait en retour les denrées que l'industrie de notre département réclame, ou auxquelles
Clermont sert d'entrepôt.

Ne perdons pas de vue que l'échange fait la vie
commerciale. L'importation chez nous , qui n'est
autre qu'une exportation pour nos voisins , forme
l'objet de nos transactions journalières. Arrêtons-
nous un moment sur nos routes venant de Lyon
et de Saint-Etienne : là nous voyons passer des
provenances de fer, de cuivre, d'armes , de pa-
piers de tenture, d'objets de librairie, de chapel-
lerie , de sel dont l'usage est considérable en nos
contrées, à raison des troupeaux qui peuplent les
montagnes ; enfin , de soieries , ce vaste bras du
commerce lyonnais , auquel l'Auvergne donnerait
la main. Tous ces produits et tant d'autres ne
forment-ils pas un mouvement de roulage dont
l'accroissement se développerait par l'économie
du transport et la célérité de la route.

Parlerai-je du nombre des voyageurs appelés
à suivre cette ligne centrale, mère ubérante de
nos intérêts, tant manufacturiers qu'agricoles,
et qui relierait par sa voie de grandes opérations
de transit ?

Les services établis souffriraient, il est vrai,
de la concurrence d'un chemin de fer ; mais c'est
l'effet inévitable du progrès de l'industrie. L'emploi des machines diminue l'emploi des bras :
faut-il les proscrire ? Non ; l'intérêt public est la
première loi, et si quelques industries se dépla-
cent, un redoublement d'activité offre bientôt
des ressources nouvelles. Le travail ne manque
pas quand les relations augmentent. Il y a place
pour tout le monde, où le cercle s'élargit, et
chacun respire à l'aise dans l'atmosphère de l'industrie.

Ce n'est pas seulement le besoin d'opérer, par
de prodigieux travaux, une diversion sur les esprits ; ce n'est pas davantage une fièvre passagère
qui aurait saisi les spéculateurs, pour les livrer
à des entreprises hasardeuses ; c'est une nécessité
proclamée par la grande voix des peuples, que
celle d'égaliser partout les conditions de l'exploitation, des transports et des tarifs, pour arriver
à l'uniformité dans les prix de la marchandise.

Le chemin de fer est un niveleur qui passe sur l'Europe.

Quant à la part que nous amendons dans l'utilité commune, comment et par qui s'exécutera notre entreprise? Nous l'avons dit, l'exécution serait facile, si le gouvernement s'en chargeait ; mais on ne sort pas en un jour des routes battues. La routine s'ancre aux états, comme aux particuliers. Le plus sûr, pour quelque temps encore, sera de ne compter que sur une coopération du pouvoir ; et pourvu que le système de subvention, en matière de travaux publics, reçoive ici une application suffisante, le succès est certain. Favorisées d'un concours efficacement réparti, des compagnies se présenteront, et les capitaux particuliers ne manqueront pas à leur œuvre ; nous en avons pour garant l'intérêt privé qui ne résiste jamais à l'impulsion, bien qu'en province, plus qu'ailleurs, il ait besoin de la recevoir.

Au surplus, toutes les entreprises de ce genre ont été jusqu'ici justifiées par leurs résultats, et le bénéfice des actions se montre généralement assuré.

Le chemin de Liverpool à Manchester est d'un produit net qui correspond à un intérêt de 8 à 9 pour 100 du capital employé : et le che-

4

min de Londres à Birmingham, récemment ouvert sur un développement de trente à quarante-
cinq lieues, offre en ce moment des notions
nouvelles à l'expérience des ingénieurs et du
commerce.

La voie d'Anvers à Bruxelles, placée dans
d'avantageuses conditions, sous le rapport du
nivellement naturel du terrain, ainsi que de la
situation commerciale, et dont la dépense de premier établissement est trois fois moindre proportionnellement que celle du chemin de Liverpool,
paraît devoir obtenir d'énormes bénéfices.

En France, le chemin de Saint-Germain, qui
rassemblait toutes les difficultés locales, capables
de mettre à l'épreuve toute l'habileté de nos ingénieurs, qui, véritable modèle du genre, atteint
à une haute perfection, et dont le prix de revient
s'estime à 1,600,000 fr. (1) la lieue, s'ouvre sous
les plus heureux auspices, au milieu des accla-
mations parisiennes, qui ne seront pas des vœux

(1) Les frais d'exécution du chemin d'Alais à Beaucaire, qui
vient d'obtenir de l'état un prêt de 6,000,000, et doit avoir
22 lieues, y compris son embranchement aux houillères de la
Grand'Combe, sont évalués à 9,200,000 fr., ce qui donne moins
de 420,000 fr. la lieue.

On compte communément que la dépense par lieue, à deux
voies, varie entre 7 et 800,000 fr.

stériles, mais tomberont comme une pluie d'or, récompense méritée, sur cette belle application de la science à l'usage de l'industrie.

Non loin de nous, le chemin de fer de Saint-Etienne présente une communication admirable, bien placée, et d'une étendue de près de quinze lieues. Son produit actuel est inférieur à celui des entreprises de Liverpool et d'Anvers; mais son exécution première laisse à désirer quelques perfectionnements; ainsi la dimension trop légère de ses rails exige qu'ils soient remplacés par d'autres d'un poids plus lourd, dépense inévitable qui diminue momentanément ses revenus; ainsi, les traversées de ses souterrains n'étant qu'à une seule voie, il en résulte gêne et retard dans le mouvement des convois. Que la compagnie s'impose quelques sacrifices nouveaux, et elle retirera de cette belle entreprise tous les produits d'une position dont elle n'a pas encore complétement profité.

Les précédents sont pour nous d'incontestables garanties; l'intérêt, mobile honorable, lorsqu'il a pour résultat l'avantage du pays, commence par traduire à ses règles les théories de l'imagination; eh bien! d'un côté, les avantages d'une situation qui fait de Clermont un entrepôt

pour nos départemens méditerranés, et un point
central qui unit Lyon à Bordeaux ; d'autre part,
les produits du sol qui fournissent à l'industrie
une source inépuisable d'exploitation : voilà nos
chances de gain.

Au milieu de tant de ressources, si des plaintes
s'élèvent, si le malaise ou la misère affecte certaine partie de la population, c'est que la richesse
sort du pays et n'y circule point.

Certes, un chemin de fer ne sera pas, non plus
qu'un canal latéral, dans l'opinion même de ses
zélés partisans, une panacée à tous les maux ;
mais ce sera un immense bienfait qui, par l'essor
imprimé à l'industrie, doit naturellement en ap-
peler un autre à sa suite ; je veux parler d'une
banque départementale, qui répandrait sur la
province l'heureuse influence de la banque de
France. Une nouvelle institution de crédit s'élè-
verait à Clermont, comme l'auxiliaire d'une
vaste entreprise de travaux ; ce pays y gagne-
rait un grand comptoir, à l'exemple des établissements récents de Lyon, Marseille, Lille ou de
ceux de Saint-Etienne, Reims ; et marchant sur
les traces de Toulouse, d'Amiens, du Hâvre, de
Dijon particulièrement, qui réclame, en exposant
un plan nouveau, une réforme nécessaire dans

la législation à cet égard, nous démanderions l'autorisation de former une banque locale, dont le privilége s'étendrait à plusieurs de nos villes. C'est ainsi que nous multiplierons nos forces par l'association ; c'est ainsi qu'en introduisant une libre pratique des banques, sous la garantie d'une réserve métallique suffisante, et des précautions que la loi devra sagement définir, sans s'écarter outre mesure de celles que consacre l'organisation modèle, centrale, arbre financier de l'état, la banque de France, nous mettrons en rapport le taux de l'intérêt avec la production territoriale, et nous porterons remède au pernicieux abus qui pèse sur ce pays et sur bien d'autres, l'abus des prêts usuraires ; c'est ainsi que, l'esprit de liberté tournant au profit de l'esprit de l'industrie, nous inaugurerons parmi nous l'émancipation du commerce par un double bienfait, l'établissement d'un comptoir départemental, et la création d'un chemin de fer. Le moment est venu, l'occasion nous appelle ; nous ne lui faillirons pas. Hommes de notre époque, sachons la comprendre ! Les temps de guerre ne sont plus nos temps ; car le siècle ne remonte pas. Et nous, jeunes d'avenir, sans oubli du passé, couverts des lauriers paternels, fatigués des disputes gouvernementales que, depuis 1830, on a tenté vainement de ressusciter de 1792, ce que nous voulons en France, avec l'ordre et la paix, c'est la prospérité agricole et commerciale du peuple, à l'abri d'institutions dont les racines couvrent le sol moral de la patrie.

CLERMONT, imprimerie de THIBAUD-LANDRIOT.